孩子，你是在为自己努力

写给孩子的心理成长书

黄莹 何一月 主编

应急管理出版社
·北京·

图书在版编目（CIP）数据

孩子，你是在为自己努力：写给孩子的心理成长书／黄莹，何一月主编．－－北京：应急管理出版社，2024（2024.10 重印）

ISBN 978－7－5237－0532－2

Ⅰ.①孩… Ⅱ.①黄… ②何… Ⅲ.①心理学—少儿读物 Ⅳ.①B84－49

中国国家版本馆 CIP 数据核字（2024）第 086047 号

孩子，你是在为自己努力　写给孩子的心理成长书

主　　编	黄　莹　何一月
责任编辑	姜　婷
封面设计	翰墨漫童
出版发行	应急管理出版社（北京市朝阳区芍药居 35 号　100029）
电　　话	010－84657898（总编室）　010－84657880（读者服务部）
网　　址	www.cciph.com.cn
印　　刷	鸿鹄（唐山）印务有限公司
经　　销	全国新华书店
开　　本	710mm×1000mm $^1/_{16}$　印张　9　字数　80 千字
版　　次	2024 年 7 月第 1 版　2024 年 10 月第 2 次印刷
社内编号	20240373　　　　　定价　48.00 元

版权所有　违者必究

本书如有缺页、倒页、脱页等质量问题，本社负责调换，电话:010－84657880

目录

胆子小、自卑怎么办

- 适应能力差，害怕变化……………………002
- 遇事不相信自己，老是问别人……………006
- 和优秀的人在一起会自卑…………………010
- 别人小小的举动，都会引起我的过分猜想…014
- 不敢发表和大家不一样的观点……………018
- 不自信，觉得自己什么都做不好…………022

不会交朋友怎么办

- 不会聊天，害怕尴尬怎么办……………………… 028
- 不会恰当地表达情绪……………………………… 032
- 害怕参加集体活动………………………………… 036
- 和小伙伴闹别扭了，不知道该怎么办…………… 040
- 怎样选择朋友……………………………………… 044
- 想加入游戏怕被拒绝，不敢上前………………… 048

害怕竞争怎么办

- 父母总拿"别人家的孩子"和我比较…………… 054
- 学得比别人慢，我很着急………………………… 058
- 同学多才多艺，我却什么也不会………………… 062
- 参加绘画比赛，作品没有入围…………………… 066
- 害怕竞争，想打退堂鼓…………………………… 070
- 不懂得与他人合作………………………………… 074

遇到挫折怎么办

- 因为不会游泳而被取笑……………………… 080
- 同学举办生日聚会，却没邀请我…………… 084
- 期末没考好，怎么调整心态………………… 088
- 因生病请假，学习跟不上…………………… 092
- 数学成绩差怎么办…………………………… 096
- 最好的朋友要转学了 ………………………… 100
- 遇到困难就想逃避…………………………… 104

管不住自己怎么办

- 爱睡懒觉，起床难……………………………… 110
- 贪玩好动，管不住自己………………………… 114
- 总是考试之前临时抱佛脚……………………… 118
- 不感兴趣的学科不想学………………………… 122
- 缺乏时间观念，总爱迟到……………………… 126
- 不懂规划，遇事手忙脚乱……………………… 130
- 做事虎头蛇尾，没法坚持到最后……………… 134

胆子小、自卑怎么办

NO.1

适应能力差,害怕变化

小朋友说

我喜欢待在熟悉的环境里做熟悉的事情,接受不了一丁点儿的变化。在学校和家里,我表现得非常自信,可一旦去了陌生的地方,遇到不熟悉的人或事物,我就变得无所适从,好像一下子变胆小了。我害怕碰到突发状况,觉得自己应付不来。我觉得自己适应能力很差,只想待在熟悉的环境里,这样不行吗?

心理疏导

待在熟悉的环境里,我们会感到舒适和安全,因为一切都是确定的。一旦外界环境变了,我们就得被迫面对很多未知的情况。在适应新环境的过程中,对自己的能力产生怀疑是一种正常的反应,毕竟有些情况我们没有遇到过,不知道如何妥善处理。可是我们不能以适应能力差为由,拒绝新环境,拒绝变化。我们在成长的过程中会不停地遇见新的人、新的事物,去到新的环境。我们要学会适应,即便这个过程十分艰难,也要鼓励自己勇敢面对。

不良心理反应

- 陌生的环境会让我无所适从。
- 我就是适应能力差，改不了。
- 我觉得还是一成不变最保险。

积极心理暗示

01 我要培养开放的心态，努力适应新环境。

02 虽然我的适应能力不强，但我可以通过历练慢慢改变。

03 新环境可以激发我的潜能，使我变得越来越好。

行动指南

❶ 培养独立自主的能力

从现在开始，自己的事情自己做，培养独立自主的能力。以前让家长代劳的事情，今后都要由自己来完成，比如整理学习用品、打扫房间等。一旦我们有了独立解决问题的能力，自信心就会提升，这样即便遇到难题或者碰到不熟悉的情况，也不会过分慌张了。

❷ 遇到困难，学会及时求助身边人

由于人生阅历少，我们遇到事情时往往不知从何入手，有时候会感到分外无助。这时，我们可以向身边人求助。如果家长、老师、同学、朋友能够给予我们一定的指导，那么很多棘手的难题都将很快得到解决。求助身边人还能促使我们更快地适应和融入新环境。所以，遇到困难时别害羞，问问身边人自己该怎么做。

❸ 多多接触外界

我们不愿意接触新环境、新事物，可能是因为对它们有先入为主的坏印象，总把它们视为凶险和不确定的。其实，接触外界多了，我们对新环境、新事物的看法就会改变，胆量和信心也会增强。当我们有了勇气和信心，就会不甘于待在舒适区，极有可能在好奇心的驱使下，变得爱冒险，成为一个敢于挑战自我的人。

心理学小课堂

心理学上有一个概念叫作"心理舒适区",指的是人们习惯待在熟悉的环境里,以一成不变的行为模式生活,一旦环境发生改变,便会感到恐惧和不安。大多数人都不愿意走出心理舒适区,自信心不足的人更是如此。那么,当我们不得不走出心理舒适区时,该怎样调整自己的心态呢?

首先,我们可以设想最坏后果。我们可以想象一下进入新环境之后,最糟糕的事情是什么,它发生的概率有多大,它一旦发生,自己能否承受,以及该如何应对。对最坏后果有了准备,那么所有顾虑便会自动消失。其次,我们要用积极的心态看待改变。以往,我们总在思考变化发生之后,自己会遇到多少麻烦。现在不妨换个思路,想想变化发生之后,我们能得到什么,比如新的机遇、新环境带来的新鲜感等。抱着愉快的心态看待变化,我们适应新环境时就会顺利得多。

NO.2 遇事不相信自己，老是问别人

小朋友说

我总是不相信自己的判断，遇到事情总是问别人，总是把别人的意见当成正确的意见。有时候，别人的想法和判断并不符合我的实际情况，可是因为不相信自己，我仍然会采纳别人的意见。同学说我没主见，妈妈说我依赖性太强，他们说的都有一定道理。我也想拥有独立思考的能力，也想能自己做决定，可是我对自己一点信心也没有，该怎么办才好？

心理疏导

多听听外界的声音，往往考虑事情会更全面。但是，完全放弃思考，让别人代替自己做决定是不可取的。那样做也是没主见、不自信的表现。其实，最了解情况的人始终是我们自己，别人未必能给我们提供最优方案，所以我们一定要相信自己的判断。

不良心理反应

别人比我聪明，他们给我出的主意肯定比我自己想的主意好。

我的判断肯定是错的，还不如听听别人的说法。

我不想思考，遇到问题还是先问别人吧！

积极心理暗示

01

我才是最了解自己的人，我想出的主意肯定最符合我的实际情况。

02

我可以综合各方意见，然后做出自己的判断。

03

我不能偷懒，从现在开始，要学会独立思考。

行动指南

❶ 对自己负责

遇事总想问别人，不想自己做决定，是因为不想承担选择的后果，这是一种逃避责任的表现。什么事情都交给别人决定，表面看来我们不用负责，但实际上最终的后果都要由我们自己来承担。别人只是提供意见而已，不可能为结果买单。我们要及早认识到这一点，及早树立对自己人生负责的观念。只有这样，才能摆脱对他人的依赖。

❷ 锻炼自己判断和抉择的能力

人的大部分能力都不是与生俱来的，而是后天培养的。如果你觉得自己的判断能力弱，不擅长做抉择，那么你就要有意识地提升这方面的能力，不能以能力弱为由，将问题抛给别人。我们可以从日常小事出发，锻炼自己的判断和抉择能力。这样，我们以后在遇到人生大事时才能做好抉择，从而更好地把握人生的航向。

❸ 学会独立思考

只有我们自己知道自己内心的渴望，知道自己最想要什么。所以，自己做决定，结果才能更符合心意，愿望才能得到充分满足。在做决定时，我们可以参考他人的意见，但要以自己心中的答案为主；我们可以在综合多方意见的基础上，进行判断和抉择。

心理学小课堂

　　一个不自信的人，每每遇到选择的关口，第一反应就是向外界寻求帮助。当我们养成了遇到选择，先向外界寻求帮助的不良习惯时，该如何改变呢？

　　首先，要增强自主意识。遇到事情先自己处理，不要先想着让别人帮忙。我们可以先试着决定生活中的小事，比如，购买什么样的衣服、文具，吃哪种口味的冰激凌，去哪里玩。

　　其次，要提升自身能力。我们没主见，过度相信别人，主要是因为觉得自己能力不足，不相信自己。既然如此，我们就要有意识地提升自己。当我们变得和别人一样强，甚至比别人更好的时候，就不会只相信别人而不相信自己了。当然，变强是一个漫长的过程，在精进自己的过程中，我们要正确认识自己，即便自己不够优秀，也要相信自己，给予自己时间。

NO.3 和优秀的人在一起会自卑

小朋友说

大人常说，与优秀的人在一起，自己才能变得更加优秀。可是，我碰到比自己优秀的人，只会更加不喜欢自己。我本来就很不自信，发现别人比自己优秀很多，就更加不自信了。我越是羡慕优秀的人，就越爱否定自己。这种感觉实在糟糕。和优秀的人在一起时，我倍感压力，于是便想主动远离他们。我知道这样不好，那么我该如何改变呢？

心理疏导

我们可以向优秀的人学习，但无须与优秀的人比较。用他人的长处与自身的短处做比较，我们当然会感到自卑和沮丧。我们不妨试试自己和自己比较，看一看今天的自己有没有超越昨天的自己，今天的自己与昨天的自己相比有没有进步。我们每天刷新和突破自己，不久便会拥有崭新的面貌。

不良心理反应

好想成为优秀的人，可是差距太大，我永远比不上人家。

在优秀的人面前，我感觉自己什么都不好。

看到优秀的人，我心里很不舒服，不想靠近他们。

积极心理暗示

01
我不用事事和优秀的人比，做好自己就行。

02
我可以向优秀的人学习，慢慢弥补自己的不足。

03
我能坦然承认他人的优秀，同时，我相信在某些方面我也很优秀。

行动指南

1 用心做好自己

成绩好才称得上优秀，才有资格自信吗？当然不是，衡量一个人是否优秀的标准包括很多方面，优异的成绩只是其中之一，某方面出众的能力、可贵的品格都在优秀的范畴内。所以，用心做好自己，我们就是优秀的。即便我们不是同龄人中的佼佼者，我们也应该自信。

2 与自身比较

每个人都有闪光点，每个人都是一座宝藏。我们之所以没有绽放光芒，是因为没有发现自己所蕴含的能量。从今天开始，学着挖掘自己的长处，发挥自己的潜能，让自己与众不同的特质表现出来。我们要学会与过去的自己做比较，每天进步一点点。当我们发现自己确实比原来优秀时，自信心也就建立起来了。

3 树立平等观念

无论优秀与否，人与人在人格上是平等的。在优秀的人面前，我们没有必要自惭形秽；面对不如我们的人，我们也不能妄加轻视。人的能力有高低，但人格没有。我们应当尊重每一个人，不管对方是否优秀。当然，我们也要尊重自己，不能因为在某些方面不如别人，就看不起自己。

心理学小课堂

没有光芒加身,但我们也有自己的可爱之处。我们可以崇拜优秀的人,可以向他们学习,让自己变得优秀,就是不要陷在自卑的泥淖中。不管现实中的自己是什么样子,我们都必须面对,不能逃避,也不能自欺欺人。我们要学会欣赏平凡的自己,在平凡的自己身上发掘不平凡之处,然后不断提升和完善自我,活出自己喜欢的样子。

NO.4

别人小小的举动，都会引起我的过分猜想

小朋友说

我很敏感，别人不经意的一句话、一个细微的眼神或下意识的小动作，都能在我的心里掀起巨大的波澜。我总是忍不住过度解读他人的言行，反复思考一些细节，怀疑自己哪里做得不好，让对方不舒服了，让对方讨厌自己了。但我又不敢向别人求证，只能把这些想法闷在心里，结果有时一整天心情都不好。我该怎么办呢？

心理疏导

由于缺乏自信和安全感，我们在与别人交往时会变得小心翼翼，进而无意识地放大别人的正常反应，并对这些反应做出与自己相关的过度揣测。其实，我们的揣测大多是没有事实依据的，我们的负面想法大多是不真实的。既然如此，我们何必浪费时间做这件事呢？不再自寻烦恼，才能开心地过好每一天。

不良心理反应

- 同学今天看我的眼神很奇怪,是不是对我有意见?
- 他们的举动有些反常,他们是不是在暗暗针对我?
- 我是不是又做错了什么,惹他不开心了?

积极心理暗示

01
一个眼神而已,我不能因此就胡思乱想。

02
大家都很友善,不会无缘无故讨厌和针对我。

03
我没有做错事,他不开心肯定有他自己的原因。

行动指南

❶ 丰富自己

安全感和自信心是自己给予自己的，我们不能向外界寻求。我们平时要多阅读、多思考，不断丰盈自己的精神世界；我们也要多和不同的人接触，看看别人是如何说、如何做、如何想的。当我们的内心变得充实，眼界变得开阔的时候，就不会患得患失，胡乱揣测别人了。

❷ 对他人保持信心

我们要相信身边的大多数同学、朋友对我们是友善的，他们不会无缘无故对我们产生不好的看法。经营友谊需要用心，需要交付真诚和信任，胡乱猜忌只会让关系变得糟糕。所以，有疑问可以随时沟通，有误会可以积极解决，凡事不要积压在心里。

❸ 不过度关注外界

有人喜欢我们，也有人不喜欢我们，这是一件非常正常的事，毕竟没有人能赢得所有人的好感。我们不能以别人的好恶来评价自己，更不能让别人的好恶来主导我们的生活。与其时刻关注外界，不如用心经营自己的内心世界。将注意力放在自己身上，别人带给你的影响自然会少许多，你也会更加轻松快乐。

心理学小课堂

过分解读别人的言行是自我牵连倾向太重的表现。所谓自我牵连倾向太重指的是主观上认为所有事情都跟自己密切相关，他人的一举一动、一言一行都是有意针对自己。这是一种不良心理。那么该如何克服它呢？

首先，要有意识地优化自己的心理品质。我们要提升自己的自信心，开阔心胸，培养直面事件的胆量。

其次，要增强自己的心理承受能力，让自己经受得起别人的非议。只要我们不再在乎别人的议论，不再过分介意别人对我们的态度和看法，许多烦恼就会自动消失。

NO.5

不敢发表和大家不一样的观点

小朋友说

很多时候，我的想法和大多数人不一样，可是没有人发现这一点，因为我从来没有发表过自己的观点。每次班会上大家讨论话题，我都随声附和，装作和大家想法一样。我不敢发表和大家不一样的观点，这很丢脸吗？

心理疏导

不敢发表和大家不一样的观点并不是一件丢脸的事情。在众人面前表达观点，尤其是表达不一样的观点，是需要勇气的。如果你觉得自己的观点不够好，或者暂时没有勇气说出自己的观点，当然可以选择不说。不过，当有事情需要大家集思广益时，你不妨将自己的观点说出来，给大家提供一个思路；当大家都在表达自己观点的时候，你也不妨将自己的观点说出来，让大家知道你的所思所想。每个人都是独立的个体，我们不必事事和别人想法一致。

不良心理反应

- 我的想法和大家不一样,他们会觉得我很另类。
- 我各方面都不如别人,肯定提不出合理见解。
- 只有和大家保持一致,我才能被集体接纳。

积极心理暗示

01 我的想法和大家不一样,说明我的观点很独特,有创新性。

02 我不比别人差,也能提出好的见解。

03 即使我说出了不一样的观点,大家也不会排斥我的。

⭐ 行动指南

❶ 改变心态，勇敢表达自己

当我们的脑海里冒出不一样的观点时，别急着否定自己，也许我们的观点更有新意。我们的想法即使不够成熟，也为大家提供了一种全新的思路。我们要尝试着表达自己。我们鼓足勇气说出自己的观点，就已经迈出了最为关键的一步。渐渐地，我们就不会因为顾虑太多而不敢表达了。

❷ 做充分的准备

事先多查阅一些资料，做好充分的准备，让自己的观点有理有据，这样我们表达不一样的观点时会更有底气，发表观点的顾虑也会减少。

❸ 允许别人反驳

讨论问题本来就应该各抒己见。大家畅所欲言，各自表达自己的观点，才能彰显集体的智慧。当然，任何一个观点都有人赞同，也有人反对，我们提出的观点不管是获得支持，还是遭到反驳，都是正常的。我们要允许别人对于我们的观点提出反对意见。不要因为害怕别人反驳，就不敢表达自己的见解。

心理学小课堂

不敢发表不同的见解，是从众心理在作祟。心理学家曾经做过这样一项实验：他给出一条标准直线，让参与者从三条直线中选出哪一条直线与标准直线长度相等。实际上，参与者中只有一名志愿者，其余都是工作人员。工作人员为了误导志愿者故意做出了错误的选择，志愿者见此开始怀疑自己的判断，不敢坚持正确的选择，最后不得不做出了和工作人员一致的错误选择。

这个实验说明，身处群体中的我们，一旦感受到了群体带来的压力，就极有可能没有勇气坚持自己的判断了。多数人不敢挑战集体的权威。然而，这个实验也表明，多数人的选择不一定是正确的。当我们的想法和别人不一样时，不必盲从。

NO.6

不自信，觉得自己什么都做不好

小朋友说

小学一到三年级，我学习都很好，升到四年级之后，我突然感到在学习上力不从心，每天做作业都很吃力，考试成绩也不理想。失去了好学生的光环，我越来越不自信，现在，无论干什么都怀疑自己，运动会不敢报名，学校的各项活动不敢参加。我觉得自己很失败，什么都做不好。这种状态已经持续很久了，我该怎么办才好？

心理疏导

自信是一种十分神奇的东西：如果我们在某方面很在行，心中有自信，就会觉得做其他事情也很顺手；相反，如果我们在某方面不擅长，遭受了很大的挫折，对自身的能力有所怀疑，那么做其他事情时也会打怵。

不良心理反应

- 我不要尝试了,免得再次失败。
- 我体育不好,数学不好,干什么都干不好。
- 我真没用,世上没有比我更笨的人了。

积极心理暗示

01 这次干不好,下次再努力,每次都会有收获。

02 有些事情没干好,不代表我什么都不行,我仍然相信自己的能力。

03 我聪明又能干,现在表现欠佳,只是能力没有得到充分发挥而已。

行动指南

❶ 停止夸大事实

什么也不会，什么也干不好，其实是一种夸张的说法，并不符合事实。我们不能陷入这样的误区当中，而应当让问题明晰化、具体化。想想看，我们究竟哪些方面是弱项，有什么不懂和不会的地方。这样我们才能认清自身的能力，在找到自身存在问题的同时，消除一些荒谬的念头。

❷ 总结成功的经验

我们要对自己的表现做客观的评估，不能只盯着自己失败的一面，要学会看到自己的进步。回想一下，近期自己都有哪些出彩的表现？表现良好的原因是什么？能不能继续复制这样的成功？是否可以把当时的感觉带入其他事情？总结自己成功的经验，可以让自卑的我们更加自信。

❸ 专注于当下的事情

我们在做一件事情的时候，不要总想着过去失败的经历，而要专注于当下。心无旁骛才能把事情做好。况且，上一次失败了并不意味着下一次也会失败，在一件事情上失败了并不意味着做另一件事也会失败。任何人都有把事情搞砸的时候，偶尔的失败并不能说明什么，只要我们专注于当下，把当下的事情做好，就能赢得成功。

心理学小课堂

奥地利心理学家阿德勒认为，人们为了消除强烈的自卑感，会努力弥补自身的不足，追求自我完善。也就是说，自卑也能成为我们进步的动力。在心理补偿机制的作用下，自卑感越强，渴望补足自己的愿望就越强烈，获得成就的可能性也越大。

当我们深陷自卑时，不要自暴自弃，试着让自卑成为促使我们上进的动力，实现自我超越。超越自卑是一个漫长的过程，我们要给予自己足够的心理成长时间，允许自己慢慢克服自身的生理或心理缺陷，一步一步地朝着目标迈进。

不会交朋友怎么办

NO.1

不会聊天，害怕尴尬怎么办

小朋友说

我平时不爱说话，是个安静害羞的小学生。同学们一起说笑时，我常躲在角落里一言不发。每次单独和别人在一起，我都感觉好尴尬，不知道该说什么。有时别人问一句，我简短地答一句，气氛始终处于冷场状态。我也想变得像别人那样健谈，我该怎么办？

心理疏导

人与人之间的交流贵在真诚，而不在技巧。你不能自如地表达自己，不是因为不会说话，而是因为顾虑太多，担心自己言辞不当，让对方产生不好的想法，所以总是把谈话的主动权交给别人，自己被动回应。试着放松自己，别想太多，真诚地和对方交流，真实地表达自己，慢慢地，你会发现聊天并没有那么难。

不良心理反应

😟 我该说什么好呢？说了不该说的，惹别人生气怎么办？

😟 说错话多尴尬啊！我还是闭紧嘴巴，听别人说吧！

😟 我不会接话，总是让气氛冷场，太差劲了。

积极心理暗示

01
我太在乎别人的反应了。放轻松些，我也能打开话匣子。

02
谁都有可能说错话，偶尔说错话，别人是不会怪我的。

03
我确实不健谈，但只要我真诚回话，对方一定可以感受到我的善意。

行动指南

1. 用提问的方式打开局面

不知道怎样打破沉默，就问一些对方可能感兴趣的话题，用一系列疑问句展开对话。对方回答完问题，你再说说自己的感受和看法，让双方在一问一答中实现交流互动。注意，不能连珠炮似的发问，抛出的问题最好不要超过三个，对方若对你的问题不感兴趣，要及时转移话题，不要打破砂锅问到底。

2. 倾听也很重要

问问题只是交谈的第一步，学会倾听才能保证交流顺畅。对话开启以后，要认真聆听对方讲话，对方说话时别插话，等对方全部说完，再表达自己的观点。聊天时，要对对方说的话表示感兴趣和好奇，鼓励对方说下去，让对方感受到你的真诚和热情。

3. 不要多想，勇敢表达

想太多，容易放不开自己，会使气氛变僵，影响彼此的心情。因此，聊天时不要多想，随意一些。对方比你健谈，可以顺着对方的话题往下说，时不时抛出自己的观点，勇敢说出自己的想法。对方看到了你的真性情，往往会觉得你可交，根本不会计较你在细枝末节上的失误。表现出积极主动的一面，别人就不会觉得你难以亲近，以后会更加乐意和你聊天。

心理学小课堂

聊天的关键在于情感共鸣。那么什么是情感共鸣呢？心理学上，情感共鸣的定义是，一个人表露出的情感激起另一个人相同的感受，从而形成一种默契的共振。也就是说，只要你和伙伴对某事件有相同的情绪感受，能理解彼此对某件事的看法，就会越聊越投机，尴尬冷场的情况也就不会出现了。

要记住，聊天不是为了展示自己，而是为了增进彼此的了解。只有找到双方都感兴趣的话题，让对方在情绪上与自己产生共鸣，你们才能成为无话不谈的好朋友。别把聊天当成打发时间的闲事，认真对待每一次聊天，可以收获珍贵的友谊。

NO.2 不会恰当地表达情绪

小朋友说

今天我和妈妈吵架了。早上，妈妈要带我去儿童乐园玩，我本来挺高兴的，可是头发乱糟糟的怎么也梳不好，心里很着急，妈妈又说我磨蹭，我便气得把梳子摔在了地上，哪儿也不想去了。晚上，妈妈语重心长地对我说："有情绪可以说出来，事情都是可以解决的，不能乱发脾气。"我感到很后悔和内疚。

心理疏导

成年人有喜怒哀乐，小孩子也一样。你感觉受委屈或者生气了，可以把不好的感受说出来。闷在心里或者乱发脾气，不仅让自己难受，也让别人摸不着头脑，不知道你为什么闹情绪。及时沟通才是解决问题的有效方法。

不良心理反应

我习惯把不好的情绪隐藏起来。

我不高兴,就想直接甩脸色、摔东西,什么也不想说。

我生气时就是控制不了自己的言行。

积极心理暗示

01

别人很难猜到我的情绪,我必须说出来。

02

发怒并不能解决问题,我应该将自己生气的原因说出来并寻找解决问题的方法。

03

我在生气的时候什么也不做,等到心情平静下来再去处理问题。

行动指南

1 说明情绪背后的原因

表达情绪时，你不要只说"我生气了""我很不高兴""烦死了"，而要向别人说明情绪背后的原因。也就是说，你要告诉对方，你为什么生气，是别人的哪些话伤害到了你，还是别人的某些做法让你感觉被冒犯。说清原因之后，再适度表达你对对方的期望，比如你希望对方别再说某些打击你的话，或者别再重复某些让你感到不适的行为。

2 大胆说出自己的感受

任何人都会有情绪的起伏，所以，有什么感受，不妨大胆说出来，不要有什么顾虑。不要压抑自己的情绪和感受，也不要为了讨好他人而伪装自己，把你的真实感受如实地告诉对方，对方才能了解并理解你。这样做也有利于拉近彼此的距离。

3 定期写情绪日记

直截了当地表达不满，可能会破坏彼此的关系。什么都不说，负面情绪又得不到疏通，自己的心情无法快速转好。在这种情况下，你可以考虑写情绪日记，把自己的感受写下来，让坏情绪、坏念头在文字中得到充分沉淀，等到心情豁然开朗了，再向别人恰当表明自己的态度。

心理学小课堂

　　心理学家认为情绪没有好坏之分，负面情绪也有积极意义。任何一种情绪都不是凭空产生的，它们的存在往往能真实地反映人的心理状态。不过，人们对负面情绪始终存有偏见，在表达负面情绪时存在很大障碍，儿童尤其如此。

　　有的孩子不擅长表达情绪，总把负面的感受埋藏在心里；有的孩子习惯用破坏性行为，诸如摔东西、跺脚、打人等将负面情绪发泄出来；有的孩子因为表达失当受到大人的呵斥，从此再也不敢表达真实的情绪。你属于哪一种情况呢？不管怎样，首先，你要学会接纳自己的负面情绪；其次，你要想办法和家长沟通，让家长知道你的感受和想法；最后，你可以用较为科学的方法把负面情绪表达出来。

NO.3 害怕参加集体活动

小朋友说

我有一点恐惧社交，比较害怕参加集体活动。上个礼拜，学校组织大家出去春游，同学们都很高兴，只有我深感不安。那天，同学们三三两两地聚在一起，说说笑笑，只有我孤零零地走着，独自欣赏风景。我觉得自己是个多余的人，加入哪个小集体都不合适，站在同学中间，比一个人时更孤独。本来是出来玩的，可我一点玩的心情也没有，真扫兴。

心理疏导

一个人在集体活动中总是处于被忽略的状态，毫无参与感，时间久了，自然不愿意参加集体活动，甚至会害怕参加集体活动。这种情况是可以改变的，只要你有融入集体的决心，愿意主动付出行动结交小伙伴，你就能够在集体活动中获得参与感，进而适应集体活动，从中找到乐趣。

不良心理反应

> 我在集体中总是不自在，不想参加集体活动了。

> 在集体活动中，大家都不理我，都不喜欢我。

> 出了丑怎么办，大家会笑话我的，我还是不参加活动了。

积极心理暗示

01
我是班级的一分子，也是集体中的一员，理应参加集体活动。

02
大家只是不了解我，我要主动一点，加入他们。

03
出丑没有什么大不了，大家不会真的笑话我，体验活动更重要。

行动指南

1 认识到自己是集体中的一员

人是社会性的存在，不能脱离集体独自生存。我们都需要友邻、朋友，都渴望友谊、关爱和帮助，谁也不想孤零零地活在这个世界上。在集体的大家庭中，我们才能得到安全感和归属感。因此，即便不擅长社交，我们也不能孤立自己，一定要想办法融入集体。

2 多与人群接触

你可以利用周末和节假日的时间，到游乐园、动物园等场所玩耍，或者参加一些户外活动，多与人群接触，感受热闹的气氛，慢慢适应人群，让自己能以更加放松自然的状态面对人群。

3 从交第一个朋友开始

在集体活动中，你可以尝试先与一个小伙伴交谈，再慢慢与更多人交流。在平时，你可以先与一个小伙伴建立起友谊，再建立起自己的朋友圈，多参加朋友们组织的活动，比如读书会、踢球等，逐渐摆脱孤僻封闭的状态。

心理学小课堂

　　心理学家认为，害怕参加集体活动，有可能是回避型人格障碍导致的。回避型人格障碍者在社交方面表现为严重的行为退缩，严重者会排斥一切社交活动。那么回避型人格障碍者该如何改变这种状态呢？你可以给自己布置一个为时六周的阶梯任务，在逐步完成阶梯任务的过程中，慢慢完成交友计划。

　　第一个星期，尝试每天和某个同学闲聊五到十分钟。

　　第二个星期，把聊天时间延长为十五到二十分钟，并增加一个聊天对象。

　　第三个星期，与两位同学保持聊天时长，并时不时和他们小聚。

　　第四个星期，尝试与同学谈心，并增加交友数量。

　　第五个星期，在自己的社交范围内，参与集体活动。

　　第六个星期，广泛参与学校组织的集体活动。

　　你可以尝试一下，这样坚持六周，相信你的恐惧社交问题就能得到大大的改善。

NO.4

和小伙伴闹别扭了，不知道该怎么办

小朋友说

美术课上，同桌向我借彩色铅笔，我二话不说便递给了他，谁知他画画太用力，弄断了好几根画笔。我有些生气，他还回来的时候，我没好气地说："把笔削好再还给我。"他嫌我阴阳怪气，也生气了，不但没给我削铅笔，还把所有铅笔一起扔在桌子上说："爱要不要。"说完，就扭过头去不理我了。我俩互相赌气，已经好几天没有说过话了，该怎么办呀？

心理疏导

和小伙伴闹别扭千万别生闷气不理人，要把心里的话说出来，双方一起解决问题。朋友之间常常会因为一点小事闹矛盾，谈不上谁对谁错，没必要太过斤斤计较。对方没有主动和你说话可能是觉得不好意思，害怕尴尬，不一定是生你的气。这种情况下，你可以主动示好，主动打破僵局，你们的关系很快就能恢复正常了。

不良心理反应

- 他不理我，我也不理他，有什么了不起的！
- 我一和小伙伴闹别扭就不想说话。
- 都是他的错，我一点过错也没有。

积极心理暗示

01
他也许只是不好意思理我，我心胸宽，主动理他好了。

02
拒绝沟通不是好习惯，我要和小伙伴把问题说清楚。

03
他有错，我也有错。

行动指南

1. 以其他事为由寻找沟通的契机

和小伙伴有了矛盾，最好及时沟通，逃避不能解决问题。你也许不好意思主动打破僵局，你的小伙伴可能也面临着同样的局面，想要和好，却不知道该怎样开口。这时，你可以考虑以其他事情为由，主动找小伙伴说话，比如向他请教问题，或者邀请对方参加聚会等。对方看你的态度缓和了，就会顺水推舟和你言归于好。

2. 口头或书面道歉

不要把所有错误都归咎于别人，要学会反思自身。你可以试着从第三方的角度审视问题，看看你和小伙伴各自哪里做得不对。如果自己错了，就主动向对方道歉，说不出道歉的话，就将它写在小纸条上，用书面的形式道歉。如果错在对方，要给他人一个道歉的机会，不能拒绝沟通。发现对方吞吞吐吐，似乎想要和好，可以主动表示原谅他。

3. 主动让步，不斤斤计较

为一点小事和小伙伴赌气，是不值得的。常言道："宰相肚里能撑船。"有了争执，主动退一步，你和小伙伴的关系就能缓和；闹了别扭，不斤斤计较，对发生的事一笑而过，你们很快就能和好，又可以像从前一样一起玩耍了。

心理学小课堂

　　两个人闹别扭之后赌气不说话，谁也不理谁，这是一种常见的现象。无论是成年人还是儿童，发生争执时，都有可能采用沉默的方式应对。那么沉默是处理矛盾的好方法吗？沉默有一定的积极作用。适时沉默，可以调节交流的节奏，有助于沟通，有利于摆脱窘境。但是长期沉默是不健康的，它代表的是一种消极逃避的态度。朋友之间无论发生什么事情，都不能采用长期沉默的方式解决，可以适时沉默，之后一定要积极沟通。任何时候，沟通都是消除隔阂的良药。

NO.5 怎样选择朋友

小朋友说

我是名转校生，刚刚进入新学校学习，想要多交几个朋友。妈妈给我制定了几条择友标准，叫我不要结交淘气、邋遢和咋咋呼呼的同学。我们班确实有这几类学生，但我觉得淘气的孩子活泼有趣，邋遢的孩子也有自己的优点，爱咋呼的孩子不小心眼。我对他们都不反感，所以不想按照妈妈的标准选择朋友。那么，我到底该结交什么类型的朋友呢？

心理疏导

俗话说"近朱者赤，近墨者黑"，朋友对一个人的影响是很大的。父母希望为你选择良友，但他们的观念可能与你的不相符。你可以听取父母的一些意见，但更重要的是听从自己内心的选择。或许，父母希望你结交安静的朋友，但你更喜欢有活力的同学，那么不妨按照自己的心意结交朋友。只要他们心性善良、没有不良习气，就不会对你产生不良影响。

不良心理反应

我不想按照任何标准选朋友，和谁相处都一样。

不必浪费脑细胞选朋友，让别人选我就行了。

朋友越多越好，交错了朋友也不要紧。

积极心理暗示

01
朋友对我有或好或坏的影响，我必须慎重选择。

02
交友是一个双向选择的过程，我不能太被动。

03
我应该擦亮眼睛，尽可能结交良友，远离损友。

行动指南

❶ 结交志同道合的朋友

选择志同道合的人做朋友，志同道合的人相处起来往往更愉快、更融洽。一般情况下，不同性格、不同想法的人做朋友，需要经过很长时间的磨合，才能彼此相容。而志同道合的人在一起，不需要费尽心力去磨合，双方有很多共通之处，更容易理解彼此的感受和想法，在一起学习玩耍也比较舒服。

❷ 结交品行端正的朋友

交友时不必设定太多条条框框，各种类型的同学都可以尝试结交，但品行不端的同学一定要远离。撒谎成性、喜欢打架斗殴、有偷窃行为的同学，千万不要结交。因为我们还是未成年人，分辨是非、善恶的能力还不够强，很容易受到影响，让自己变成品行不端的孩子。所以，朋友可以有这样或那样的缺点，但必须诚实、友善。

❸ 结交对自己有积极影响的朋友

如果你性格内向，可以多结交性格外向的朋友。外向的朋友势必会对你的性格产生积极影响，接触久了，你也会变得开朗起来。如果你天生胆小，可以结交一些胆大的朋友，平时和胆大的朋友一起玩过山车，一起滑冰。假以时日，你也会变得勇敢起来。

心理学小课堂

　　心理学研究发现，3~5岁的儿童对友谊的理解较浅显，能够玩在一起的就是好朋友；6~9岁的儿童处在单向帮助阶段，能力较强的小朋友会主动帮助自己的好友；9~12岁的儿童处在双向帮助阶段，朋友之间彼此欣赏、包容，互相帮助，已经发展出了较为牢固的友谊；12岁以上的孩子，有了自我意识和独立意识，朋友之间形成了亲密稳定的关系，但友谊并不影响自己的独立性。

　　无论儿童处在哪个阶段，友谊都是不可或缺的，它能满足儿童对爱和归属的需要，对儿童的性格养成起着非常重要的作用。成年之前，孩子结交几个好朋友，可能受益一生；不小心结交了不良朋友，很有可能会付出沉重的代价。作为小学生，择友要谨慎，千万不要让自己受到不良朋友的影响。

NO.6

想加入游戏怕被拒绝，不敢上前

小朋友说

下课铃声响了，同学们像出巢的小鸟一样飞出了教室。他们飞奔到操场上，玩起了各式各样的游戏。有的玩跳房子，有的玩老鹰捉小鸡，有的踢毽子，有的玩跳绳。大家玩得热火朝天，操场上可热闹了。我刚来到这个班级不久，也想加入他们，可是害怕被拒绝，只能呆呆地站在一边看他们玩，心里别提多难受了。我该怎么办才好呢？

心理疏导

小朋友，你有这样的顾虑很正常。同学都有了固定的玩伴，你作为一个新成员，贸然走过去，很有可能不被接纳。不过，别害怕，主动走过去，看看哪个游戏缺人。假如你受到邀请，就大大方方地加入；假如没人邀请你，就主动申请加入，或者先在一旁观察，等到你和大家熟悉了，小朋友们习惯了你的存在，再加入也不迟。

不良心理反应

我想和他们一起玩,但是不敢上前,被拒绝了多丢脸啊!

他们可能不想和我一起玩,我还是别过去了。

我还是不要打扰别人了,就自己一个人待着吧!

积极心理暗示

01

不用害怕,同学们也许正等着我加入呢。

02

他们没说不想和我一起玩,我应该试一试。

03

上前问问又不会有什么损失,我要勇敢一点。

行动指南

❶ 主动搭讪，引起小伙伴注意

在学校，大多数同学都习惯和熟悉的小伙伴玩耍。你想要加入游戏，首先要引起小伙伴的注意，比如，大家刚要开始玩游戏的时候，不妨走过去问问："你们在玩什么呢？""这个游戏好玩吗？怎么玩的？"同学为了回答你的问题，一定会边玩边示范，你可以在学习游戏规则的过程中，自然而然地加入其中。

❷ 耐心观察，及时提供帮助

你可以先观察同学在玩什么，是否缺人，需要得到哪些帮助。比如，同学在踢球，把球踢得很远，你可以帮忙捡球；同学玩踢毽子，把毽子踢飞了，你可以帮忙把毽子捡回来；同学玩跳房子，画格子之前，你可以给他们递粉笔。这样，你便自然而然地成了游戏的参与者，与其他同学的距离也近了一些。

❸ 被拒绝了别着急

同学不缺玩伴，人数刚刚好，你想要加入，被拒绝的可能性会比较大；同学对你感到生疏，和你没有太多交流，你唐突地提出想要和他们一起玩，被拒绝的概率也很高。看，被拒绝并不意味着你不好，也不意味着同学们不欢迎你，只不过是时机不对，同学们尚未熟悉你。所以，被拒绝了别着急，随着时间的推移，你会和同学们熟悉起来，和他们玩在一起。

心理学小课堂

　　心理学家认为，儿童的社交规则和成年人完全不同。成年人想要加入某个团体，不管大家是否愿意，碍于情面，都不会出言拒绝。儿童则比较直接，一般不会做出虚假的回应，如果不想让新成员加入，往往会直接回绝。所以，当一个小朋友直接问"我能和你们一起玩吗"的时候，其他小朋友很有可能会直接说："不可以。"也就是说，儿童组成的小团体具有一定的排外性，新成员想要加入并没有那么容易。那么怎么办才好呢？你可以先看别人玩，先以旁观者的身份提出各种话题，和其他小朋友有了更多互动和交流之后，再提出加入游戏的请求。这样处理，被拒绝的概率就会大大降低。

害怕竞争怎么办

NO.1

父母总拿"别人家的孩子"和我比较

小朋友说

父母眼里永远有一个"别人家的孩子",总喜欢拿我和"别人家的孩子"比较,说起别家孩子的成绩滔滔不绝,满脸羡慕,夸完又把矛头指向我,开始数落我不争气。我很反感,他们什么时候能停止这种比较?我知道他们望子成龙,有点恨铁不成钢,但也不能丝毫不顾及我的感受啊!

心理疏导

很多小朋友都有类似的经历,由于父母夸奖别人家的孩子,贬低自己,便感觉自己很差劲。小朋友,千万不要这样想,父母这样做,是因为对你期望太高,希望你更好。如果你觉得他们这么做深深伤害了你,最好和他们谈谈,直截了当地告诉他们你不喜欢被比较,让他们以后不要这么做了。有什么委屈千万别闷在心里,要及时和父母沟通。

不良心理反应

- 我永远比不过"别人家的孩子",我很差劲。
- 我讨厌"别人家的孩子",没有他们,父母不会给我压力。
- 真烦人,整天拿我和优秀的孩子比。

积极心理暗示

01 我只是在某些方面比不上"别人家的孩子",我也有自己的强项。

02 我没必要讨厌"别人家的孩子",父母爱比较是父母的事。

03 我可以选择性地听父母的唠叨,把它们作为我前进的动力。

行动指南

1 把真实的内心感受说出来

如果你非常苦恼，不妨找个时间和父母深入交谈一次，坦白告诉他们，他们这种教育方式不利于你的进步和成长，不仅令你自尊心受挫，而且给你带来了很多压力和烦恼。除了当面交谈，你还可以采用书信、短信等形式与父母沟通。

2 向父母展示你的优点

孩子是有差异性的，每个孩子都是独一无二的存在。父母可能没有意识到这一点，只是用大众的眼光来评价子女，发现不了自己孩子身上的闪光点。要让父母马上改变此种观念是很困难的，你可以学着展示自己的优点，让他们看到你的努力，逐步获得他们的欣赏。

3 忽略父母不合理的评价

也许在父母眼里，你永远不如别人家的孩子。无论你多么用功，多么努力，始终达不到他们的要求。在这种情况下，千万不要因为父母的比较而轻视自己。也许你不是同龄人中最优秀的一个，但你也有自己的价值。父母对你的优点视而不见，不代表你没有优点，也不代表你不可爱。忽略父母不合理的期待及不合理的评价，努力做自己就好。

心理学小课堂

　　心理学家认为，一个人的自我价值感是在童年时期形成的，父母和家庭成员之间的交流互动，直接影响到儿童的自我价值感。人在幼年时期得不到来自家庭的肯定和鼓励，成年以后很有可能缺失自我价值感。因此，父母拿别的孩子和自己的孩子比较是不明智的，全面肯定别人家的孩子，全面否定自家的孩子，会给孩子的心理造成很大的伤害。

　　如果你的父母总是拿别人家的孩子来否定你、打压你，不要默默忍受，也不要和父母激烈地争吵。最明智的做法是指出他们的错误，告诉他们这么做的危害，尽量在和谐融洽的氛围中完成一次深度沟通。你可以让他们理解你，让他们明白，不管你是否比同龄人优秀，你都有自己独特的价值。

NO.2

学得比别人慢，我很着急

小朋友说

我接受新知识很慢，要琢磨好久，才能把老师讲的知识点和例题弄懂，而周围的同学一学就会，不仅能很快听懂老师讲的知识点，还会做复杂的题。和他们相比，我好像总是慢半拍。我是不是天生比别人笨，天生脑子反应慢？现在，我对自己快要失去信心了，觉得自己脑子不灵光，再怎么努力也白费。

心理疏导

每个学生的学习能力都不相同，有的学生接受信息速度快，反应比较敏锐，有的学生需要深入思考才能领悟。比别人学得慢不要紧，俗话说"勤能补拙"，如果你发现自己学习吃力，那么可以课前先接触一下新知识，做好预习，上课的时候认真听老师讲解，课后多做练习题，努力让自己跟上进度。

不良心理反应

- 我天生比别人反应慢，没救了。
- 别人学东西比我快，脑子比我好使，我永远也赶不上他们。
- 我是个"榆木疙瘩"，不可能开窍的。

积极心理暗示

01 我可以用后天的努力弥补先天的不足。

02 我不与别人比，只跟自己比，学会知识就好，慢一点也没关系。

03 我的大脑很正常，多多思考，多加训练，我也会开窍的。

行动指南

❶ 肯定自己,我只是节奏不一样

我国古代大教育家孔子早在两千多年前就提出了因材施教的教育理念,强调教学要根据学生特点进行,要尊重学生的差异性。学习东西慢,只能说明你的学习节奏和别的同学不一样,不要因此责怪自己,因为你越是责怪自己,越是暗示自己反应慢、脑子笨,学东西就会越吃力。尝试用正面语言鼓励自己,比如"我很好""我很棒""我能学会",然后以积极的心态投入学习。

❷ 多阅读,提高思维能力

广泛地阅读有助于提高分析力、理解力,能够让大脑得到充分的训练,使大脑变得更加灵活。此外,阅读对于拓展思路、转换思维大有帮助。长期阅读各类书籍,积累各学科知识,能够有效提高你的思维能力,对于学习有明显的促进作用。

❸ 多联系,加强理解

任何知识点都不是孤立存在的,每个章节的知识之间都是有联系的。如果你觉得自己跟不上进度,无法快速消化新学的内容,可以在课下复习前面的内容,把以往的知识和新学的知识联系起来,在巩固旧知识的同时,加强对新内容的理解。

心理学小课堂

　　人们通常认为学东西快的学生天资聪颖，而学东西慢的学生天资平平，前者胜过后者。其实，学东西慢的学生天资并不差。为了证实这个说法，一位心理学教授做了一个实验，他把学生分成两组，第一组学生按照传统的教学方式学习，第二组学生可以根据自身的情况来调整学习进度，有时学得快有时学得慢。结果显示，第二组学生成绩更优异，表现也更好。每个人的学习速度和接受能力不一样，按照同样的进度学习自然会有差异，有些学生需要花费更多时间掌握基础知识，基础打牢以后，成绩会显著提升。如果你学东西很慢，不要怀疑自己的智商，多花些时间学习，把新学的知识点吃透，以后一定能以优秀的成绩完成学业。

NO.3
同学多才多艺，我却什么也不会

小朋友说

在一次文艺晚会上，同学们为大家献上了一个又一个精彩的节目，台下的观众都看呆了。参与表演的同学个个像明星一样耀眼，是那么引人注目。真没想到他们有那么多才艺！有的同学既会跳芭蕾舞，又会唱英文歌，有的同学吹起长笛来中气十足，架子鼓也打得特别好。而我什么也不会，只能待在角落里默默地欣赏别人的演出，心里莫名有点低落。

心理疏导

没有人天生多才多艺，你的同学能歌善舞，必然经过了专门的学习和训练。如果你曾参加相关的培训，也可以像他们一样。所以，千万不要感到失落，也不要因此而产生自卑情绪。学习从来不怕晚，你要是羡慕他们，也想成为一名多才多艺的学生，可以利用寒暑假的时间报一些兴趣班，用心学几门才艺。相信你也可以做得很好。

不良心理反应

- 同学都有才艺，我却什么都不会，我太没用了。
- 我没有才艺，只会读书，说明我是个高分低能的学生。
- 我什么也不会，没有才华。

积极心理暗示

01 才艺是后天培养的，不会可以学，没什么大不了的。

02 我没有才艺，是因为没把时间放到学习才艺上。

03 我没有才艺，不代表我没有才华，只能说明我以前没朝相关方向去发展。

行动指南

❶ 找到自己的兴趣和特长，确定努力的方向

　　学习才艺不能盲目，一定要结合自己的兴趣和特长。想想自己做什么事最开心、最擅长什么，先对自己做一个全面的评估，再决定学习哪些才艺。别逼自己学习不擅长的东西，也别因为羡慕而盲目效仿他人，要结合自己的情况谨慎选择。一定要记住，学习才艺是为了陶冶情操、丰富生活，不是为了攀比。

❷ 平衡学习和参加兴趣班的时间

　　参加兴趣班，一定要在课余时间；练习才艺，一定要在功课完成之后。千万不能为了培养才艺，耽误正常的学习。学生在校阶段最重要的任务是学习，培养才艺只是锦上添花，无论如何，不能主次不分。

❸ 大方参与文艺活动

　　参加文艺活动前，先了解活动内容，选择你感兴趣的项目。如果有舞台表演要注意：多练习，注意表情和动作；在家人面前模拟表演，听取建议；穿着整洁，登台前做深呼吸放松心情；把舞台当作展示自己的平台，享受表演，如果有观众互动，可以积极配合。每一次尝试都会令你成长。

心理学小课堂

培养才艺的过程涉及认知发展、动机激发和情绪管理等多方面。

首先，每个孩子的认知水平和兴趣点都不一样，选择才艺项目时，要找到既符合我们年龄特点，又能激发兴趣的活动。接下来，把学习才艺的过程分成一个个小目标，每达成一个小目标就给予自己表扬和鼓励，这样可以帮助我们建立自信。此外，家庭和朋友的支持对我们来说至关重要。我们可以和兴趣一致的朋友一起练习，这样不仅可以提高我们的社交技能，还能让我们在合作中找到乐趣。同时，我们要注重肯定自己的努力，而不只是成果，这样可以培养我们的自我效能感，使我们相信自己有能力通过努力达成目标。

NO.4

参加绘画比赛，作品没有入围

小朋友说

这个学期，我报了一个绘画班。我虽然没有绘画功底，但热情很高，上课认真跟着老师学，下课自己勤加练习，渐渐地，也画得有模有样。听说学校正在举办绘画大赛，我二话不说便报了名。谁知学校高手如云，参赛的佳作太多，我的作品没有入围。我有些失望，也意识到和真正会画画的同学相比，自己的画技还很差。我很迷茫，不知道要不要继续学画画了。

心理疏导

参加绘画大赛作品未能入围，是一件非常正常的事，绘画大师尚且不能保证自己次次入围，何况刚刚学习绘画，处在起步阶段的你呢？别太沮丧了，既然你很喜欢画画，对它有很高的热情，就不该轻易放弃。继续学习绘画吧，别把参赛的事情放在心上，即使你的作品在初赛环节就被淘汰，也不能说明你没有绘画天分。认真学习和练习，你一定能创作出了不起的作品。

不良心理反应

😟	😢	😟
我的作品没入围，我太差劲了。	我被淘汰出局了，太伤心了，以后再也不参加比赛了。	我的作品在初赛就被刷下来了，可见我根本不适合画画。

积极心理暗示

01
作品没入围，我感到很遗憾，但我不能因此否定自己。

02
参赛被淘汰很正常，我要提升自己，以后继续参赛。

03
我的作品被刷，可我还想坚持画画，因为我热爱绘画。

行动指南

1 继续努力，提升画技

作品没有入围，可能是因为你的画技不够成熟。不要灰心，继续努力。一次失败代表不了什么，用平常心看待结果，将比赛当成学习的途径，你一定可以在一次次比赛中越来越好。

2 认清绘画对自己的意义

你为什么学习绘画？是为了在比赛中获奖，还是为了自娱自乐？如果你学画只是为了赢得奖项，那么你很有可能坚持不下去，毕竟获奖的是少数。如果你把画画当成爱好，输赢就没有那么重要了，不管作品能否入围，能否得奖，你都会坚持画下去。慢慢修炼基本功，你的画作早晚会得到认可。

3 利用参赛机会开阔眼界

比赛结果已成定局，与其为自己表现失利而难过，不妨利用这次参赛机会好好欣赏别人的作品，看看别人的作品在立意、构图、色彩运用上有哪些亮点。相信那些佳作一定会对你有所启发。把这次比赛当成一次学习的机会，对于提升自己的画技肯定大有帮助。

心理学小课堂

在比赛中胜出是一种能力，比赛失利后调整好自己的情绪也是一种宝贵的能力。失败本就会令人沮丧，不要否定自己在面对失败时的真实情绪，而要无条件地认同它，哪怕它是完全负面的。

心理学上，把悲伤、紧张、沮丧、焦虑等情绪称为负面情绪。研究表明，对抗负面情绪，往往会让自己的心理状态更加糟糕；认同负面情绪，才有助于我们战胜它。认同不等于放任，认同之后，要运用合理的方法排解，之后高高兴兴地迎接新生活。比赛失利后，你可以尝试着转移注意力，做几件能让自己充分放松的事情，也许短短几天工夫，所有烦恼都抛到九霄云外了。只要你不揪着失败的痛苦不放，痛苦就会远离你，快乐就会在不远处向你招手。

NO.5 害怕竞争，想打退堂鼓

小朋友说

学校要组织一场拔河比赛。我们班会分成四个小组，先两两比赛，选拔出的两个优胜小组再比赛，胜出的那个小组会代表班级出战。老师在班里宣布了比赛规则后，同学们都觉得这个比赛很有趣，都踊跃报名。而我不想参加比赛，我一向讨厌竞争激烈的体育活动，适应不了你争我夺的场面，而且害怕输掉比赛会影响一天的好心情。面对竞争便想打退堂鼓，我是不是很没用？

心理疏导

虽然你还是一名小学生，但想必已经对竞争有了初步的认识。学生要面临学业上的竞争，大人要面对事业上的竞争，不管一个人是否喜欢竞争，都不可能完全避开它。其实，竞争并不可怕，竞争可以让我们看到自己的优势和劣势，也可以激发出我们的潜能。竞争带来的失败也不可怕，这次落败了，就争取下次取得胜利。要允许自己慢慢进步、慢慢成长，不要操之过急。

不良心理反应

比赛

我不参加比赛，不和人竞争，就不会失败。

我没有信心和别人较量，还是算了吧！

我害怕竞争，干吗要为难自己？还是早点退出为好。

积极心理暗示

01

过程比结果更重要，我不能因为怕输而放弃体验。

02

我相信我的能力，我不比别人差。

03

竞争不可避免，逃避不是办法，我要勇敢面对。

行动指南

1. 比赛前做好形势分析，给自己加油打气

比赛之前，不要预想失败，别说任何丧气话，以免干扰自身的发挥；可以认真分析自己的优势和劣势，大致评估一下对手的实力，想一想用什么技巧战胜对方，怎样最大限度地发挥自己的优势。进入赛场以后，立刻清空杂念，让自己进入比赛状态。

2. 摆脱固定型思维，培养成长型思维

具有固定型思维的人总用一成不变的眼光看待自己，害怕接受挑战；具备成长型思维的人则喜欢用发展的眼光看待自己，乐于从负面经历中吸取教训，敢于迎接挑战。要想破茧成蝶，就必须摆脱固定型思维，有意识地培养成长型思维。只有这样才能在成长的过程中看到自己好的变化，培养出面对竞争的信心和勇气，成为强大的人。

3. 给自己积极的心理暗示

比赛时紧张很正常，我们可以用积极的心理暗示给自己鼓励。深呼吸，数到三，想象自己是勇敢的超级英雄，让心平静。告诉自己，没有得第一也没关系，关键是在参与比赛的过程中，我们可以学到很多东西。无论结果如何，都要为自己骄傲。

心理学小课堂

　　一个人夸大了竞争带来的负面影响，必然会害怕竞争。转变思路，用积极的眼光看待竞争，才能由害怕竞争变为接纳竞争。其实健康的竞争对人是无害的，适度地参与竞争，享受拼搏的过程，可以更好地发展自我。只要不给自己施加太大的压力，正确地看待输赢，以轻松的心态迎接挑战，你完全可以从竞争中获益。

NO.6

不懂得与他人合作

小朋友说

我是一个独立好强的孩子。上幼儿园的时候，其他小朋友聚在一起玩积木，我一个人躲在角落里搭城堡，既不愿别人插手，也不想加入大家，直到完工，才骄傲地宣布，漂亮的城堡是我一个人搭成的。进入小学以后，我还是不喜欢和人合作，做科学实验的时候，宁可手忙脚乱，也要一个人完成。老师却不认同我的做法，说我不会合作，将来肯定要吃大亏。他说得对吗？

心理疏导

小朋友既有独立意识，又有上进心，是一件好事。但独立不等于孤立，你生活在集体中，就必须融入集体，这样才能更好地应对学习和生活上遇到的困难。一个人的能力毕竟是有限的，无论你多么聪明、多么独立，都不可能出色地完成多个人才能完成的任务。要想让自己更快速、快乐地成长，就必须学会与他人合作，不能总是单打独斗。

不良心理反应

😐 我一个人就能把事情做好，不需要和别人合作。

😐 我喜欢一个人做事情，不想让任何人插手。

😐 我不想和别人分享成果，所以不愿意和别人合作。

积极心理暗示

01 一个人的能力是有限的，我得学会合作才行。

02 从今天起，我要培养合作精神。

03 我愿意和大家一起努力，一起分享成果，那一定很快乐。

行动指南

1 尊重他人

尊重是合作的前提。我们在与小伙伴合作时，要能够认真倾听他们的想法，耐心表达自己的意见。当我们与小伙伴意见不一致时，要学着从他们的角度思考问题，不强求他们的想法与我们一致。当你和小伙伴能够互相尊重时，合作就能顺利地进行下去。

2 主动参加集体活动

培养合作精神，可以从参加集体活动入手。体育课和运动会上，踊跃参加打篮球、拔河等活动；实验课上，和学习小组的成员分工协作，遇到问题，集思广益，一起想办法。等到你习惯了集体氛围，培养出团结协作的意识，就不会一个人埋头苦干了。

3 在一些小事中体悟合作的快乐

在游戏和学习的过程中，与小伙伴互相商量、互相配合、互相帮助，体悟合作的快乐，感受合作精神的重要性。对比之前单打独斗的行为，你会发现，互相帮助，互相配合，远比一个人慌乱地处理事情要好。

心理学小课堂

对小学生来说，学会合作是成长过程中不可或缺的一环。在合作的过程中，你会和小伙伴逐渐建立起友谊，还能懂得与人分享、尊重他人的道理，体会到和小伙伴共同努力、实现目标的快乐。

我们长大成人以后，终要步入社会，走上工作岗位，如果仍以自我为中心，不懂得合作，就会在职场上失去立锥之地。由于幼年养成的习惯很难改掉，故而在小学阶段，就要有意识地培养自己的合作精神。

遇到挫折怎么办

NO.1

因为不会游泳而被取笑

小朋友说

我从小怕水,又很想学会游泳,于是让妈妈给我报了一个游泳班。第一天上课,我站在泳池边双腿打战,怎么也不敢往下跳。而身旁的小朋友一点也不害怕,纷纷跳了下去。有一个小朋友看到我的窘相,情不自禁地笑了起来。我忍受不了他的笑声,不管不顾地跳了下去,结果呛了好几口水。要不是教练眼疾手快把我救上来,我真不知道自己会怎样。

心理疏导

生活中,我们可能会因为不具备某项技能而受到嘲笑,进而因为自己能力上的不足和同伴的奚落而羞愧不已。其实技能是后天习得的,任何技能的掌握都要经历一个从不会到会的过程。不会游泳不要紧,可以去学,我们不必因为被取笑而耿耿于怀。在成长的道路上,这种小挫折比比皆是,我们不能被这些小挫折打倒。勇敢地面对嘲笑,用实力证明自己,我们一定会表现得更出色。

不良心理反应

被取笑了，丢死人了！

别人嘲笑我，说明我在游泳方面确实不行，我不想学了。

同学当中只有我不会游泳，好有挫败感呀！

积极心理暗示

01
不会游泳不丢人，别的同学也不是天生就会游泳的呀！

02
我要把嘲笑当成勉励，更加努力地学习。

03
同学先我一步学会了游泳，说明他们练习得早，我不见得比他们差。

行动指南

1. 从蛙泳练起，慢慢提升自己

蛙泳的泳姿是最简单的，也最容易掌握。作为刚入门的小朋友，我们没有能力挑战漂亮的花式游泳，也不适合潇洒的自由泳，从基础泳姿练起最为明智。一般来说，蛙泳一个星期就可以学会。学会了蛙泳，你就可以试着攻克自由泳和其他泳姿，慢慢提升自己的泳技。

2. 承认事实

面对嘲笑，最忌讳赌气或大怒。如果别人说的是事实，那么我们怎么辩驳都没有用，不如大方承认。对方笑话我们不敢下水或泳姿难看，我们可以承认自己怕水或是尚在初学阶段，没有掌握正确的姿势，然后以幽默的姿态自我解嘲。我们要学会一笑而过。不必对别人的嘲笑耿耿于怀，别让别人的嘲笑左右我们的心情。

3. 坦然面对嘲笑

假如我们克服不了对水的恐惧，连下水都不敢，就不必勉强自己学习游泳了。其实每个人都有擅长和不擅长的事情，每个人都有自己的长处和短处，我们虽然不擅长游泳，却有别的强项。别人用自己的长处和我们的短处比，本身就是不公平的，我们没必要把他们的话放在心上。

心理学小课堂

奥地利心理学家阿德勒认为，人们会因为受到羞辱而改变自己的行为，用抵抗的方式对抗嘲笑。比如，我们因为不会游泳而受到身边人的嘲笑，基于羞愧，会在没有准备好的情况下纵身跳入水中。这种抵抗的方式是不合理的，会给我们招致危险。那么该怎样应对别人的取笑呢？我们可以试着削减嘲笑带给自己的伤害，消除嘲笑给自己带来的屈辱感，从而避免一些不合理的对抗。

其实嘲笑能不能转化成伤人的利器，并不取决于他人，而是取决于我们自己。如果我们不在乎它，它就毫无作用，不会对我们构成任何威胁。只有在我们重视它、在乎它的时候，它才能显现出巨大的威力。我们可以把嘲笑当作可忽略的噪声，也可以把嘲笑当成鞭策自己奋进的动力，只要不被它迷惑，不被它激怒，它对我们的伤害完全可以降到最低。当我们可以坦然地面对嘲笑时，就不会产生强烈的挫败感和屈辱感了。

NO.2

同学举办生日聚会，却没邀请我

小朋友说

上个星期六，我的同学举办生日聚会，很多同学都去参加了，我却没参加，因为我没有受到邀请。后来，同学们兴致勃勃地谈起那场热闹的聚会，我有些伤心和失落。我不明白他为什么不邀请我庆祝生日。

心理疏导

作为一个没有被邀请参加生日聚会的人，你会认为，自己是不是做错了什么事，是不是遭人讨厌了，为此烦恼不已。可是冷静下来想想，也许真的不是我们的错。别人举办生日聚会，想邀请谁就邀请谁，那是别人的自由。也许我们觉得和对方关系很好，应该受到邀请，对方却未必这样认为。别人和我们不投缘，不能强求，我们可以把友情投放到和自己投缘的同学身上，不必为这件事伤脑筋。

不良心理反应

😊 很多同学都受到了邀请,我却没有,可见我的人缘差。

😟 这名同学不愿意和我一起庆祝生日,心里一定非常讨厌我。

😊 我没有出现在生日聚会上,以后大家会怎么看我?

积极心理暗示

01 我的人缘才不差,我只是和那位同学关系一般罢了。

02 我不能仅凭这件事断定他讨厌我,况且,我有其他好朋友,不缺少友谊。

03 别人过生日没请我,又不是什么大事,同学不会因为这件事对我产生偏见。

行动指南

❶ 找家人倾诉

同学过生日，没有邀请我们，我们觉得自己被忽视，或者在同学之间不受欢迎了，难免感到伤心。这时我们可以找家人倾诉，把自己伤心、失落、被忽视的感受全部告诉他们，这样不但可以把负面情绪发泄出来，还能得到很多中肯的建议。有些事情已经发生了，我们无力改变，耿耿于怀只会影响自己的好心情。把这段不愉快的经历说出来，它对我们的不良影响便能降低。

❷ 学会释怀

告诉自己，我们没有被邀请，感觉不舒服是正常的，但邀请我们并不是别人的义务，我们不能因此怨恨他人。没有被邀请，不代表我们被边缘化或自身有什么问题。同学之间的交往是双向的，个别同学和我们不投缘，我们要淡然处之，不必过分重视忽略我们的人，更没必要自我怀疑、自我否定。

❸ 找亲朋好友欢聚

没有被邀请参加同学的生日聚会，心情难免有些糟糕。这时候我们可以约上亲朋好友小聚一次，让欢声笑语冲淡伤心难过。重新被一个社交圈接纳，我们将找到归属感和自我价值感，相信心情很快就能变好。

心理学小课堂

在成长过程中，很多小朋友都有被排斥的经历。被排斥，很容易让人产生消极情绪，甚至否定和质疑自己。一般性的排斥不会对我们的生活造成很大影响。那么何种程度的排斥才应当引起我们的注意呢？

首先是持久性的排斥。偶尔、短暂的排斥完全不必放在心上。同学举办生日聚会，自己不被邀请属于偶尔的排斥，我们完全可以忽略它的后续影响。但是持久性的排斥会对人的身心造成极大的伤害，要加以重视。其次是群体性的排斥。只被个别人排斥，可能是个性不和引起，我们不必过多理会；但是倘若被群体排斥，一定要及时告知家长或老师。

无论如何，被人排斥，自我价值感会受损，心态或多或少会受到影响。这时我们可以选择与一群乐于接纳我们的人交往，让自己在融洽的社交关系中重拾自信。

NO.3

期末没考好，怎么调整心态

小朋友说

这次期末考试，我没发挥好，连最擅长的数学也考砸了。我的心情十分低落，一连好几天都萎靡不振。卷子发下来之后，我看到一个个鲜红刺目的大叉，心情更差了。我不知道该怎样调整心态，也不知道该如何面对接下来的学习生活。

心理疏导

谁也不能保证每次考试都能取得优异的成绩，偶尔发挥失常是非常正常的，我们不必太过在意。当然，成绩下滑明显，心里肯定不好过，这时，我们需要及时调整心态。我们可以到户外走走，到操场上踢几场球，或者静下心来听几首好听的音乐……等到心情恢复，再去面对考试结果，总结失利原因。

不良心理反应

😟 考试考砸了,所有努力都白费了。

😕 我连最简单的题目都做错了,真是蠢透了。

😭 我讨厌学习,不想学习了!

积极心理暗示

01
学习不仅仅是为了应对考试,只要收获了知识,付出的努力就没有白费。

02
我把简单的题做错了,是因为一时马虎大意,以后注意就行。

03
一次考试没考好,没什么大不了的,我不会被打倒。

行动指南

① 分析考试失利的原因

考试过后，与其把注意力集中在考试结果上，不如把注意力转移到查找考砸的原因上。客观分析一下，考试没考好，是因为马虎大意了，是因为考试题目太难，还是因为平时学习不认真。找到了问题所在，然后想办法解决它。遇到问题便解决问题，不要让自己陷入负面情绪中。

② 关注知识，而非成绩

分数和名次不能完全反映我们的学习能力和学习水平，而且知识比成绩更重要。成绩有起有落，知识却有增无减，我们不能因为一时的失利，就否认了通过努力获得的知识。其实，偶尔考砸一次反而有助于我们成长和进步。痛定思痛之后，我们学会了在逆境中前进，日后才能取得更大的成功。

③ 制订学习计划

把试卷上的错题全部抄写下来，找出自己薄弱的知识点。针对自己的不足之处，制订一份简单实用的学习计划。按照计划补足自身，逐渐提升学习成绩。通过有力的行动来调动学习积极性，可让自己在短时间内从失败的体验中抽离，把注意力转移到当下。这对于调整心态是非常有效的。

心理学小课堂

考试没考好，心情失落时，要学会自我调节，那么都有哪些切实可行的办法呢？

一是多沟通。沟通是缓解不良情绪的有效手段。我们可以试着和其他考试没发挥好的同学交流，在分享心情的同时，听听其他同学的想法和意见。也许别人不经意间说出的某句话或某个观点，能瞬间点燃我们的斗志，让我们对未来的学习生活充满期待。

二是多笑。科学研究表明，人在大笑时，大脑会分泌出令人感到愉悦的化学物质，我们的负面情绪会因此得到缓解。笑会使我们的幸福感大大提升、身体的免疫力显著提高。心情糟糕时，我们更要多笑。我们可以通过观看喜剧、听笑话、和同学说笑等方式，让自己笑出来。把笑当成一种心理按摩，抚平考试失利带来的负面影响吧！

NO.4 因生病请假，学习跟不上

小朋友说

我因为生病请了一个月假，学习受到了很大影响，每天上课都莫名烦躁焦虑，根本听不懂老师在讲什么。老师提问时，我总是把头低下去，心里十分紧张，生怕被叫起来回答问题。我觉得我的学习效率和学习能力都不如以前了，已经完全跟不上进度，这样下去，成绩一定下滑得很厉害。现在，我不知该怎么办好了，对自己已经失去了信心。

心理疏导

小朋友，我们这次在学习上的落后是客观原因造成的，不是主观上不想好好学。这就好比我们和其他同学在同一条赛道上奔跑，因为身体原因，我们被迫停了下来，过了很久再去追赶大部队，短时间内肯定追不上。遇到这种情况，我们一定不能心急，先接受自己被落下的现实，然后利用课余的时间将落下的课程逐步补上。一段时间后，你就能适应课程进度和学习节奏了。

不良心理反应

- 耽误了那么多功课，不可能赶上同学们了。
- 现在学习好吃力，干脆不学了。
- 好着急呀，根本无法沉下心来学习。

积极心理暗示

01 虽然落下了不少功课，但只要多花点时间学习，就能赶上其他同学。

02 即使学习有些吃力，我也不会放弃。我会加倍努力，一定能克服所有困难。

03 急躁没有用，还是要慢慢来，学习不能一蹴而就。

⭐ 行动指南

❶ 接受现状，慢慢来

生病请假一段时间后再去上课，无论在心理上，还是在学习上，都需要一个适应的过程。有些同学不给自己适应的时间，刚来到学校，看自己跟不上进度，便急躁焦虑起来，结果反而影响了学习的效果。遇到问题，先接纳再解决，我们要先接受自己已经落下功课的事实，接下来便是想办法补上课程。

❷ 主动向老师寻求帮助

当我们遇到难懂的知识点和复杂的题型，自己无法消化理解时，可以利用课下的时间向老师请教。如果连教科书的例题都看不懂，简单的习题都不会做，更要向老师求教。我们缺课，在学习方面感到力不从心，是再正常不过的事情。我们不必因此感到难为情，有任何疑问都可以找老师解答。

❸ 先自学，再请教

在发现自己跟不上课堂进度时，我们可以马上向爸爸妈妈求助。他们可以亲自来辅导我们，也可以找家里的哥哥姐姐来辅导我们。我们则需要在补课前先自学一遍，将弄不懂的地方画出来，这样别人帮我们补课时，我们才能学得更快。

心理学小课堂

有时候打败我们的不是外在因素,而是我们自己。心理学上有这样一个定理:只要自己不打倒自己,世上没有人能打倒你。这个定理叫"罗伯特定理",它告诉我们,人只要心存希望,对自己有信心,就能战胜人生中的大部分困难。任何时候,我们都不能放弃希望,更不能放弃自己。就像我们因为身体的原因落下功课,虽然补习起来困难,但只要我们不放弃,总能追赶上其他同学的。很多时候,信念会转化成强大的动力,促使我们做出更多努力,让事情向好的方向转变。只要我们不认输,一切皆有可能。

NO.5

数学成绩差怎么办

小·朋友说

我从小数学就不好，只会算简单的加减法，一遇到复杂的算术题就做错。升到四年级，我的数学成绩更差了。大部分计算题和应用题我都不会做，选择题也吃不准，每次考试分数都很低。由于数学差，我的总成绩一直提不上去，别的学科学得再好也弥补不了。班主任和我谈过几次，希望我早日把数学成绩提上去，我也想学好数学，但感觉心有余而力不足，该怎么办才好？

心理疏导

数学的难点在于它是由逻辑语言构成的，学好它要具备一定的逻辑思维能力。很多同学只知埋头苦学，这样是学不好这门学科的。数学成绩差，可能是思维方式和学习方法存在问题。我们只有改变思维方式和学习方法，才能取得理想的成绩。

不良心理反应

- 我不聪明，恐怕永远也学不好数学。
- 我不喜欢数学，才不学它。
- 数学既枯燥又难学，我为什么要学它？

积极心理暗示

01 我相信只要掌握了正确的学习方法，还是有希望学好数学的。

02 兴趣是可以培养的，我要想办法让自己对数学感兴趣。

03 数学是一些学科的基础，我一定要认真学习这门学科。

行动指南

❶ 主动思考

被动地接受知识，很难学好数学。只有学会主动思考，才能更快地掌握要领。对于公式不能死记硬背，而要理解它的推导过程，掌握它的原理，并学会灵活运用。在做题、解题的过程中，要了解基本的解题策略，并在吃透例题的基础上举一反三，弄清千变万化的题型。

❷ 学会记课堂笔记

笔记内容分为两类，一类是知识点的记录，一类是学习方法的记录。在听课的过程中，我们要把老师讲授的要点记录下来，还要将老师总结的学习方法和学习技巧纳入笔记，以备课后温习使用。千万别小瞧这些琐碎的记录，这可是学好数学的密钥。

❸ 整理错题

把自己做过的错题全部收集起来，认认真真地整理在一个本子上，然后进行分类和分析，以防自己再犯类似的错误。一般来说，错题大体上可分为四种基本类型：第一类是审题失误造成的，即我们在审题过程中，漏看了条件，或者没有把题目吃透，曲解了出题老师的意图；第二类是马虎大意造成的，比如我们不小心看错数字、看错数量单位；第三类是计算错误造成的；第四类是不懂知识点造成的，这类情况我们要格外重视，将它作为重点类型整理。

心理学小课堂

　　数学学不好，除了学习方法，跟心理因素也有莫大关系。如果我们怀着厌烦或畏难心理学习数学，学习的积极性将受到打击，想要提高成绩几乎是不可能的。数学是一门有一定难度的学科，想要学好它，离不开兴趣的支持，也离不开信念的支持。我们对这门学科有了一定兴趣，才会想知道它讲了什么，它为什么是这样的，才能主动钻研解题方法和技巧。我们对自己有了信心，才能在遇到数学难题时想办法解答，在数学考试失利时不气馁。也就是说，我们要学好数学，掌握科学的方法是必要的，除此之外，还要调适好自己的心理状态，让自己在兴趣和信念的引导下，一步一步走向胜利。

NO.6

最好的朋友要转学了

小朋友说

最近我的心情十分糟糕，因为我最好的朋友要转学了。平时我和她形影不离，由于我们两家住得比较近，几乎天天一起上学一起放学回家，我已经习惯了有她陪伴。前些日子，她告诉我由于她爸爸的工作调动，全家人不得不搬到另外一个城市生活。这个消息对我来说简直就是晴天霹雳。一想到她再也不能和我在一起了，以后连见面都困难，我就万分难受。

心理疏导

和最好的朋友分别，心里一定很难过。可是转念想想，分别并不代表友谊中断。现在的交通和通信都很发达，朋友不管相隔多远，只要还牵挂着对方，总是能联系上的。对两个非常好的朋友而言，时间的流逝、地域的阻隔并不能让友谊磨灭。我们要对彼此有信心。眼下，我们可以用打电话、微信聊天或写信的方式和朋友联络，早点把心态调整好，不能让分离影响我们正常的学习和生活。

不良心理反应

好朋友离开了，以后我再也没有知心朋友了。

她转学了，我突然变得孤零零的了，心里有些难过。

她转学了，以后还会是我的好朋友吗？

积极心理暗示

01

好朋友离开了，我还会交到新的朋友。

02

刚刚和好朋友分开有些不习惯，以后我会适应的。

03

我们虽然不在一起上学了，但仍可以常常联系。她仍是我的朋友。

行动指南

1 好好告别

好朋友转学了，我们有很多不舍，有很多话还没来得及说出口，很多情感还没表达。这时候，我们可以试着做一份有纪念意义的礼物送给朋友，让它代替我们传达思念。我们可以将记录温馨时刻的合影收集起来，做成一本珍贵的纪念册，在上面写上我们想对朋友说的话。朋友收到后一定会很感动。因为有这样一份特别的礼物在，无论时隔多少年，我们依然会彼此记得、彼此珍惜。

2 定期联系

好朋友转学了，不能时时刻刻见到了，不过，我们可以通过打电话或视频的方式和朋友定期联系，和朋友一起回忆美好的过去，或者述说现在的新生活，共同分享人生中的快乐和忧愁。这样即便朋友不在身边，我们也不会感到孤单。

3 互相祝福

在人生的道路上，每个人都要经历很多次离别。离别是不可避免的，然而离别并不是友谊的终点，朋友转学了以后，友谊仍然可以延续。我们要真心祝福对方在新的学校里一切安好，并告诉对方我们的友谊不会因为分离而消散，以后有机会我们还会再聚。在祝福朋友时，我们自己也会跟着释怀，也许很快我们就能从离别的痛苦中走出来。

心理学小课堂

从小到大，我们会和很多人相遇又分开，会经历一次又一次的离别。每一次离别的时候，我们都会感到忧伤。那么该怎么处理忧伤的情绪呢？首先，我们要正视自己的情绪。有的人认为离别并不是彻底的分开，而是为了下一次的相聚，所以没什么好伤心的。而大多数人都会为离别感伤，这是一种正常的反应，我们不必否认。其次，在一定时间内调节情绪、调整状态。忧伤的时候要给自己释放情绪的时间，最好不要压抑自己。但是，不能让忧伤的情绪长时间占据自己的身心，我们可以给自己设定一个期限，尽量不要让情绪过分影响目前的生活。

NO.7

遇到困难就想逃避

小朋友说

我不是一个坚强的孩子,遇到一点困难就感觉备受压力,总想逃避。这个学期,妈妈给我报了个班,让我学吉他。刚开始,我还挺兴奋,学得很认真。然而随着难度的增大,我感觉越学越吃力,渐渐变得敷衍起来,最后没兴趣了。妈妈说我像鸵鸟一样,遇到困难就把头埋在沙子里。其实,我也不想这样,该怎么办?

心理疏导

逃避,源自人类趋利避害的本能。困难令我们痛苦,甚至令我们畏惧,所以我们遇到困难就会情不自禁地想要逃避。然而,一遇到困难便逃避,我们是无法成长的。我们要克服畏难情绪,培养正视困难的勇气,让自己成为不怕困难的人。

不良心理反应

- 我克服不了眼前的困难,还是知难而退吧!
- 我不去面对这个问题,这个问题就不存在了。
- 这件事情太难完成了,放弃吧!

积极心理暗示

01 我相信我有能力战胜困难。

02 退缩不能解决任何问题,我必须勇敢。

03 无论多难,我都要坚持到底。

行动指南

1 逼自己一把

当逃避成为一种常态，一旦遇到困难，我们就会立刻退缩，不敢再向前跨越一步。在这种情况下，只有逼自己一把，才能使自己做出改变。纠结和犹豫的时间越长，我们的勇气和信心耗损得就越严重，所以必须横下心来逼迫自己。

2 从简单的事情入手

有时候，事情接踵而至，我们应付不来，更加不愿意面对。这时，我们可以从最易解决的事情入手。有了良好的开端，信心得到增强，解决起事情来就会越来越顺利。遇到重重困难，不要害怕，一个一个克服，也许不知不觉间就把大部分困难解决了。

3 及时求助

棘手的问题，我们竭尽全力也无法解决，多次尝试解决都以失败告终，渐渐地，就会产生畏惧心理，很有可能一直无法跨越眼前的障碍。这时，向外界求助就很有必要。求助的对象既可以是家人，也可以是老师、朋友、同学。大家帮忙出谋划策，比你自己单打独斗要好得多。

心理学小课堂

很多人都有畏难心理。通俗地讲，畏难心理就是面对困难时认为自己没有能力和信心解决，进而迟迟不愿采取行动，并出现恐惧、低落等消极情绪。那么，我们该怎样应对畏难心理呢？

一、看到自己的优势和力量。有时候我们会夸大困难，把自己想象得渺小无力，事实上，我们没有想象中那么脆弱和无能。我们要正确地看待自己的优势和力量，以积极的心态面对困难。

二、学会舍弃。有些困难是应该克服的，有些挫折是必须要战胜的，但不是所有问题都必须解决。动用所有力量都解决不了的问题，我们可以选择放弃。这就好比前路有大石块阻碍，我们完全可以绕道而行，不必强迫自己跨越。

三、学会自我安慰和自我激励。我们会因为可能到来的失败而心生恐惧。这时候，我们必须学着自己安慰自己，自己鼓励自己。我们要接纳自己能力的不足，坦然面对自己内心的恐惧，只有这样，才能找回信心和勇气。